DE LA PISCICULTURE

DE LA TRUITE,

ET EN PARTICULIER

DE CELLE DU LAC DE SAINT-FRONT

ET DES DEUX RUISSEAUX LES PLUS VOISINS.

PAR

M. COMMARMOND,

membre correspondant des ministères de l'intérieur
et de l'instruction publique.

Mémoire lu à l'Académie des sciences, belles-lettres et arts de
Lyon, juin 1852.

LYON.

IMPRIMERIE DE F. DUMOULIN, LIBRAIRE,
rue Centrale, 20 (allée de l'Homme-d'Osier).

—

1853.

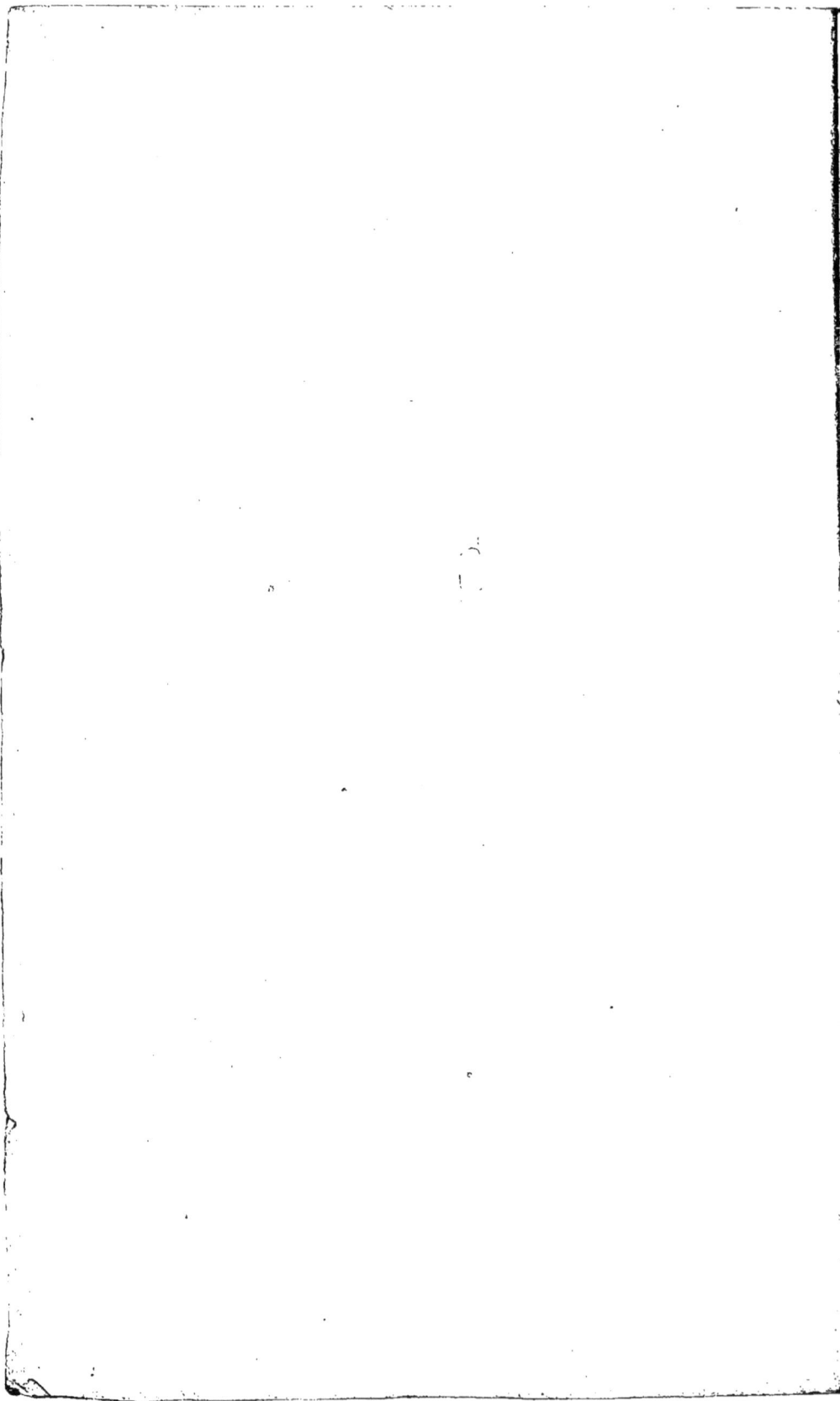

DE LA PISCICULTURE

DE LA TRUITE.

Lyon.—Imp de F. Dumoulin, rue Centrale, 20.

DE LA PISCICULTURE

DE LA TRUITE,

ET EN PARTICULIER

DE CELLE DU LAC DE SAINT-FRONT

ET DES DEUX RUISSEAUX LES PLUS VOISINS.

PAR

M. COMMARMOND,

membre correspondant des ministères de l'intérieur
et de l'instruction publique.

Mémoire lu à l'Académie des sciences, belles-lettres et arts de
Lyon, juin 1852.

LYON.

IMPRIMERIE DE F. DUMOULIN, LIBRAIRE,
rue Centrale, 20 (allée de l'Homme-d'Osier).

—

1853.

AVANT-PROPOS.

On nous reprochera peut-être de ne point nous être aidé dans cette notice sur la pisciculture que nous avons lue à l'Académie de Lyon en juin 1852, des travaux de M. de Quatrefages et de tant d'autres savants. N'ayant point eu leurs ouvrages à ma disposition, je n'ai pu les citer; et je n'ai lu qu'un excellent rapport de M. Bression à ce sujet. J'ai dû me contenter des renseignements que j'ai pu obtenir dans les conversations que j'ai eues à cet égard.

Connaissant par moi-même la vie de la Truite et
la manière de la pêcher, je me suis cru en droit d'en
énumérer les variétés et de parler de ses habitudes;
c'est du reste le hasard qui m'a fait prendre la plume
à propos de cette innovation mise en pratique
pour la reproduction de ce poisson. Si je ne me suis
occupé que de celle de la Truite, je n'en crois pas
moins ce procédé applicable aux autres espèces de
poissons; il exige les mêmes soins, et n'offre de
différence que pour le choix du lieu de dépôt des
œufs fécondés, pour l'époque variée du frai de chacune d'elles, et pour la durée plus ou moins longue
de l'éclosion des œufs.

Si j'ai spécialement consacré ce travail à l'empoissonnement du lac de St-Front et des ruisseaux voisins, les moyens que j'indique peuvent s'appliquer
également partout ailleurs, lorsqu'une source est
suffisante pour alimenter une pièce d'eau, ou lorsqu'on peut utiliser un ruisseau. Je n'ai point surtout
oublié le département du Rhône, qui en présente
un grand nombre, et j'ai indiqué brièvement les travaux d'art qui peuvent être entrepris pour atteindre

ce but. Ils peuvent, chez nous comme dans la Haute-Loire, être exécutés avec fruit.

Frappé de l'aspect des Truites du lac de St-Front qui ne nous arrivent que depuis environ deux ans, j'ai cru voir en elles une variété appartenant à cette localité du département de la Haute-Loire; leur qualité supérieure qui a été appréciée par les gourmets est venue ajouter à ma surprise. Une circonstance fortuite me fit rencontrer le fermier de ce lac; il passait à Lyon pour aller dans le département de l'Isère prendre des informations sur la pisciculture de la Truite, et parut désirer que je lui rédigeasse une ligne de conduite pour arriver à exploiter cette industrie; je ne pus refuser de souscrire à sa demande. Telle est l'origine de ce travail qui, tout incomplet qu'il est, renferme théoriquement les procédés qu'on doit mettre en pratique pour obtenir la fécondation des œufs de poissons, repeupler par ce moyen les rivières et utiliser des sources coulant sans autre produit que celui de l'arrosage des terres qui pour cela n'en seraient point privées; les eaux avant de se répandre sur le sol seraient retenues dans des réservoirs plus ou moins vastes qui seraient convertis en truitières productives.

Le lecteur m'excusera si j'ai ajouté quelques mots sur le parti qu'on peut tirer de la Truite, sur ses accommodages, et sur les moyens de reconnaître ses bonnes qualités.

DE LA PISCICULTURE

DE LA TRUITE,

ET EN PARTICULIER

DE CELLE DU LAC DE SAINT-FRONT

ET DE DEUX RUISSEAUX LES PLUS VOISINS.

CHAPITRE I.

Avant d'émettre quelques idées sur les moyens de propager la Truite, je parlerai des motifs qui doivent déterminer à introduire de nouveaux procédés en pisciculture et à protéger les poissons d'eau douce. Je ne crois point inutile non plus, de dire quelques mots sur la position du lac de St-Front, et sur l'histoire de la Truite en général, en décrivant les particularités de celles qui peuplent ce lac.

Malgré toutes les mesures prises par le gouvernement pour protéger toutes les espèces de poissons qui vivent dans nos lacs, nos fleuves et nos rivières, les rigueurs de la loi sont impuissantes contre la dévastation des eaux qu'elles habitent.

La cherté toujours croissante de cet aliment, autant de luxe qu'à l'usage de la vie ordinaire, n'excite pas moins l'activité des pêcheurs autorisés, que celle des maraudeurs qui, la nuit comme le jour, se servent d'engins prohibés et de filets défendus, à mailles trop serrées, qui retiennent dans leurs réseaux les plus grandes espèces à l'état d'enfance, et

1

s'emparent des plus petites qui servent de nourriture aux premières.

Dans les lieux où les filets ne peuvent être employés et partout ailleurs, ce sont les lignes avec des mouches arti-ficielles ou amorcées avec des poissons vivants pour mieux tromper la proie convoitée ; ce sont la coque du levant, la noix vomique, mêlées aux aliments que les poissons préfè-rent, ou des compositions chimiques glissées dans leurs re-paires pour les faire sortir, et se jeter dans des filets placés d'avance ; enfin mille piéges divers, qui sont autant de moyens qui les atteignent et en appauvrissent les espèces.

La chaux jetée dans une petite rivière, détruit sans pitié tous les êtres vivants qui s'y trouvent dans une étendue plus ou moins longue de son cours ; souvent dans les sécheresses, les destructeurs de nos rivières en profitent pour mettre à sec un tronçon des faibles ruisseaux en construisant une chaussée qui en arrête le cours et qui leur permet de s'emparer de tout le poisson qui se trouve au dessous ; ou bien par le même moyen, ils détournent le courant et le font passer à côté de son lit naturel, ce qui donne tout le temps nécessaire pour dépeupler complètement toute la longueur mise à sec.

Une guerre aussi acharnée qui détruit toutes les espèces sans distinction d'âge, ne peut moins faire que de les appau-vrir dans les grands cours d'eau et de les annihiler dans les petits, malgré la surveillance des gardes-pêche.

D'autre part, dans les fleuves où les poissons peuvent mieux se défendre, la présence des bateaux à vapeur est ve-nue jeter l'épouvante parmi eux, les a fait fuir, en a diminué le nombre sur leur parcours, et les vagues qu'ils soulèvent, poussant le frai sur le rivage, l'y laissent en se retirant et le font souvent avorter sur une plage sèche et aride.

Si le gouvernement ne peut parer qu'en partie aux abus que nous venons de signaler, et s'il doit céder devant la nécessité de la navigation à vapeur, il doit plus que jamais s'occuper des moyens de conservation de cette ressource alimentaire, en protégeant tous les essais de reproduction en ce genre.

Déjà M. Remy, par son ingénieuse découverte sur l'éclosion artificielle des œufs de Truite, a trouvé un moyen des plus puissants pour la régénération de l'espèce et sa multiplication, en donnant la faculté de repeupler les eaux où elle s'était appauvrie. Aussi cette belle découverte, mise en pratique par ce pêcheur, a-t-elle éveillé les intérêts généraux et particuliers.

Ainsi, l'administration supérieure de la Haute-Loire, dont les cours d'eau et le lac de St-Front fournissent d'excellentes Truites, a compris qu'en multipliant cette espèce, elle augmenterait un des produits de son département ; c'est dans ce but qu'elle a délégué M. Montès, maire de la commune de St-Front, et fermier du lac de ce nom, pour explorer les rivières et les lacs de quelques pays voisins, et en particulier ceux du département de l'Isère, où les lacs alpins fournissent des Truites très-renommées, afin de recueillir tous les renseignements qui se rattachent à la pisciculture de ce poisson.

Le hasard m'ayant fait rencontrer cet habile pêcheur, je me suis chargé avec plaisir de lui faire un petit travail à cet égard, que nous restreindrons autant que possible aux moyens à employer pour multiplier la Truite dans son lac et les deux ruisseaux qui l'avoisinent, les procédés que je lui conseille pouvant s'appliquer à la plupart des lacs, réservoirs et petits cours d'eau.

CHAPITRE II.

Lac de Saint-Front.

Le lac de St-Front dépend de la commune du même nom ; c'est sans doute à ce village qu'il doit sa dénomination, il fait partie de l'arrondissement de la ville du Puy, dont il est distant de 27 kilomètres.

Il entrait autrefois dans les dépendances de la chartreuse de Bonnefoi, aujourd'hui il appartient à M. de Lavalette.

D'après les chroniques du pays, les grenouilles et quelques insectes aquatiques étaient les seuls habitants de ce lac, et c'est aux religieux de ce monastère qu'on doit son premier empoissonnement.

Ce lac, de 31 hectares environ, est situé sur un plateau de la chaîne de montagnes qui sépare le département de la Haute-Loire de celui de l'Ardèche, dominé par le Mézin où la Loire et l'Allier prennent leur source ; il l'est d'un autre côté par les rochers de Roffiac ; la forme de son périmètre est arrondie en se rapprochant de l'ovale ; son fond simule un cul de lampe et présente dans sa partie la plus déclive une profondeur de 10 à 11 mètres.

Ses rives sont bornées au levant par des rochers abruptes, et dans le reste de son étendue par une plage couverte de gazon, et de roseaux sur quelques points.

Ce grand réservoir en forme d'entonnoir très-évasé repose sur un terrain qui anciennement a été bouleversé et formé par la tourmente volcanique, ce qui nous porte à penser que cette grande cavité, si elle n'est point due à un déchirement par le soulèvement du sol, ne peut être que l'ancien cratère d'un volcan éteint, dont les atterrissements ont comblé la bouche, et que dès-lors les eaux y sont venues faire leur séjour habituel.

Ce lac n'a aucun affluent, il est alimenté par des sources qui sourdissent dans son intérieur et par d'autres qui, placées dans les environs de ses berges, y apportent leurs eaux.

Un seul dégorgeoir laisse une issue au trop plein de ce lac, dont les eaux donnent naissance au ruisseau de la Gagne.

Nous n'avons trouvé nulle part consignée la hauteur positive de ce plateau au-dessus du niveau de la mer ; néanmoins nous pouvons avancer qu'à peu de chose près en plus ou en moins , il est environ à 1280 mètres au-dessus de ce niveau, puisque d'après les mesures prises par MM. Gouilly et Arnaud, citées dans l'ouvrage de Bertrand de Doue sur la statistique de la Haute-Loire, ils ont reconnu que le seuil de l'église de St-Front est à 1219 mètres au-dessus du niveau de la mer, et dans les mesures indiquées par Putria, il est dit que ce village est à une hauteur de 1228 mètres.

Quoi qu'il en soit de cette différence de mesure, le village de St-Front, distant du lac de 3 kilomètres, se trouve placé en contre-bas sur le point d'un versant qui peut avoir de 45 à 55 mètres en moins d'élévation que la surface de ce plateau. Nous ne pouvons donc pas nous éloigner beaucoup de la vérité en assignant à ce lac 1280 mètres au-dessus du niveau de la mer.

Par sa position, dégagé de montagnes trop rapprochées qui ne le garantissent point des vents, ce plateau est exposé à des tourmentes pendant la saison froide.

La température s'abaisse subitement en octobre, et dès la fin de ce mois ou dans les premiers jours de novembre, la neige vient couvrir le sol jusqu'au milieu du mois de mars

L'intensité du froid est très-variable ; mais néanmoins la glace qui couvre ce lac dès les premières gelées ne disparaît qu'après la fonte des neiges ; elle atteint l'épaisseur de 60 à 65 centimètres dans les hivers ordinaires, et de 80 à 85 dans les plus rigoureux.

Les versants de ce plateau ne sont point trop accidentés, ils vont en décroissant successivement par étage jusqu'à leur base; aussi ce point vu du sommet de la haute montagne du Mézin, laisse très-mal distinguer les anfractuosités du terrain qui simulent une plaine.

Quoique cette portion du département subisse de longs hivers et reste près de cinq mois enfoui sous les neiges, elle est parfaitement cultivée, et les récoltes en céréales et surtout en fourrages y sont abondantes.

Deux ruisseaux coulent dans le voisinage de ce lac ; le premier est celui de la Gagne, qui y prend sa source et se dirige de l'est à l'ouest. Le second est le Lignon, qui coule du sud au nord ; tous deux se jettent dans la Loire.

CHAPITRE III.

De la Truite.

Dans la haute antiquité les auteurs qui se sont occupés d'une manière particulière d'ichthyologie et même ceux qui ont décrit les repas somptueux où devait figurer la Truite des lacs et des rivières de l'Europe, ne nous disent rien de ce poisson. Nous ne lui trouvons nulle part un nom spécial qui nous le fasse reconnaître ; néanmoins, parmi les grands de cette époque où le luxe et la profusion caractérisaient leurs festins, s'il s'en trouvait parfois de gloutons, il devait aussi en exister d'assez gourmets pour apprécier la Truite de nos lacs et rivières de montagne à eau très-vive.

Elle fut sans doute connue sous le nom générique de *Salmo*, qui comprend plusieurs espèces marines et d'eau douce. Ce n'est que dans la basse-latinité que la distinction nous apparaît et que notre Truite prend les noms de *Turta*, *Truta* et *Trutta*, et que dans de vieilles légendes elle paraît sous celui de *Tocta* et même de *Trydina*.

Quoi qu'il en soit de toutes ces dénominations, nous doutons fort qu'elle ne fût pas très-recherchée par les gastronomes anciens.

Aujourd'hui, le nom adopté par la langue française est celui de Truite, dont l'espèce est classée dans le genre *Salmone*.

D'après le plus grand nombre des naturalistes, elle doit figurer dans la famille des Saumons, dont le caractère distinctif consiste dans les deux rangées de dents, dont le corps du vomer est armé.

Quelques espèces et variétés de la Truite sont très-répandues dans les lacs et rivières de nos parages, surtout dans les régions froides ; il en est de même dans les zônes les plus éloignées de nous.

D'Orbigny, dans son Dictionnaire d'histoire naturelle, nous dit, au mot Truite : « Elles donneraient des cargaisons « aussi abondantes et aussi lucratives que les morues de « Terre-Neuve, si la grande pêche voulait les poursuivre « dans les eaux circumpolaires où elles abondent, répandues « dans un si grand nombre de ruisseaux, de rivières et « de lacs.

Les caractères généraux des Truites sont: une peau lisse, d'un aspect luisant, onctueux, couverte de petites écailles très-minces, parsemée de taches d'un rouge vermillon qui ne disparaissent point à la cuisson ; cette couleur indiquée par les naturalistes est très-variable, comme je le démontrerai plus loin.

M. Valenciennes, d'après Cuvier, décrit huit espèces de Truites connues, que nous allons énumérer pour revenir à celle dont nous nous occupons d'une manière toute spéciale.

La première est la Truite vulgaire, *Salar Ausonii*, qui vit dans nos lacs et nos rivières, et que nous rencontrons sur tous nos marchés.

Cuvier en désigne une variété qui se trouve dans le Pô et le Lac Majeur, à laquelle il donne le nom de *Salmo marmoratus*, à raison des rares taches qui se remarquent sur sa peau, et des nombreuses marbrures dont elle est couverte.

La seconde est la Truite féroce de Jardine, *Salar ferox*; on la trouve en Angleterre, en Ecosse et en Irlande.

La troisième, la Truite élégante, *Salar spectabilis* ; elle vit en Russie ; le Muséum de Paris en possède un seul exemplaire qui lui a été offert par l'impératrice Hélène ; elle se distingue par la forme de son corps qui est fusiforme.

La quatrième est la Truite de Gaimard, *Salar Gaimardi*; elle vit en Islande et dans le Groënland; elle a le museau plus arrondi que notre Truite, les yeux plus grands, les couleurs sont plombées et les taches sont noires.

La cinquième, la Truite de Baillon, *Salar Bailloni*; on ne l'a trouvée que dans la Somme, où elle est même très-rare ; elle se distingue par son front large , son museau pointu , l'égalité de ses deux mâchoires et la finesse de ses dents.

La sixième, la Truite de Schiefermuller, *Salar Schiefer-mulleri*; elle diffère peu de la précédente, elle vit dans le Danube et quelques rivières d'Allemagne ; elle a la tête plus courte et la caudale plus fourchue.

La septième est la Truite de Scouler, *Salar Scouleri*; ses caractères sont d'avoir le profil du museau très-arqué, la terminaison du corps très-mince,et le bout des mâchoires recourbé;elle vit dans les fleuves de l'Amérique septentrionale.

La huitième est la Truite de Namagcubs, *Salar Namagcuhs,* elle est de très-grande taille et dépasse celle du Saumon ; la mâchoire inférieure est recourbée vers sa pointe ; elle vit dans l'Océan arctique et les grands lacs des États-Unis.

Cuvier, dans sa classification, n'a point considéré comme devant figurer parmi les espèces de Truite , celle que nous nommons ainsi et qui nous vient du lac de Genève ; il la range dans la famille des Forelles, à raison de l'arrangement de ses dents et d'autres particularités qui lui sont propres.

M. Valenciennes, d'après lui, en décrit quatre espèces : la Forelle argentée, la Forelle du lac du Léman, la Forelle à ventre rouge qui vit en Amérique, et la Torelle de Ross qui se trouve dans les zônes polaires. Les deux premières espèces appartiennent aux eaux d'Europe.

Mais revenons à la Truite, elle fait partie du onzième ordre et se trouve dans la quatrième famille d'après la classification de Cuvier, où nous voyons figurer le Saumon, le Lavaret, l'Ombre, l'Argentine et treize familles dont la plupart vivent au sein des mers.

Tous les poissons qui font partie de cette famille ont une vessie natatoire et sont d'un naturel très-vorace ; la robe de toutes les Truites offre de nombreuses variétés de couleur, d'après le climat et la nature des eaux qu'elles habitent.

Dans les grands fleuves et les lacs d'une grande étendue, leurs couleurs sont moins vives que dans les petites rivières et les lacs des hautes montagnes où la température est moins élevée.

La Truite a le corps d'une forme allongée ; elle n'atteint point partout les mêmes proportions : dans les petits ruisseaux et les petites rivières, sa longueur est de 30 à 40 centimètres, et son poids ne dépasse guère un à deux kilogrammes, tandis que dans les fleuves et les grands lacs elle arrive a de bien plus grandes proportions.

La Truite a la tête courte, le museau arrondi; deux rangs de dents aiguës arment le bord antérieur des mâchoires; le palais en est garni de trois rangées longitudinales et parallèles, les dents de celle du centre sont plus longues et plus fortes ; la langue est couverte de six à dix rangées de petites dents plus recourbées.

Les yeux sont petits, l'iris est d'un jaune argenté, et les narines sont doubles.

La surface de la peau est lisse, couverte de petites écailles. Elle porte sur le dos deux nageoires, l'antérieure est composée de douze à treize rayons ; la postérieure est grasse, molle, sans rayons et bordée de rouge.

Les nageoires du ventre sont rayonnées ; la queue est plus grande, proportion gardée, que celle du Saumon, et moins échancrée au centre de son bord postérieur.

Les caractères principaux qui font reconnaître les sexes sont ceux-ci, sans avoir besoin de la pression pour faire sortir la laite ou les œufs :

Chez la femelle le corps est plus ramassé, l'abdomen est très-gonflé dans les mois qui précèdent la ponte, et forme une saillie au-dessus de l'anus.

Le bout du museau est très-arrondi, sans dépressions bien marquées, et la réunion des mâchoires est très-régulière.

Chez le mâle le corps est plus effilé, la présence de la laite ne gonfle point d'une manière aussi marquée les parois du bas-ventre ; mais le caractère le plus distinctif est la courbure du bout de la mâchoire inférieure qui , en se relevant, dépasse quelquefois l'extrémité du maxillaire supérieur ; nous avons remarqué aussi que chez le mâle les éminences osseuses du dessus de la tête étaient plus saillantes, et qu'il existait sur les côtés du museau une dépression mieux caractérisée.

Chez la femelle, l'ouverture qui donne issue aux excréments est plus allongée que chez le mâle.

Tels sont les caractères généraux de la Truite.

Si celles du lac de St-Front dont nous nous occupons spécialement n'offrent aucunes différences marquées sous le rapport des formes du corps, il n'en est point de même sous celui des couleurs de la robe ; nous avons vu un grand nombre de variétés de Truites de lacs et de rivières, mais nous n'en connaissons pas dont le costume soit aussi riche par la vivacité des couleurs et leurs dispositions.

On doit reconnaître dans ce lac deux variétés très-distinctes : l'une à robe sombre, noirâtre, et l'autre à robe d'un jaune doré ; leur peau est d'un brillant graisseux.

La *première variété* a la tête et le haut du corps brun , à zônes d'un noirâtre foncé ; de petites taches noires , plus ou moins arrondies, sont disséminées irrégulièrement sous la forme de constellations ; elles sont plus rapprochées vers la tête et dans le haut du corps, et deviennent plus rares en approchant de la queue.

En outre de cette parure, un grand nombre portent sur le dos des espèces d'écharpes noires qui tranchent avec la teinte du fond de leur peau ; ces sortes de rubans sont quelquefois parallèles, d'autres fois ils sont posés obliquement à l'épine dorsale, en manière de sautoir ; ils offrent plus de largeur sur le dos que sur les flancs, et vont en se rétrécissant graduellement ; leurs pointes se bifurquent et parfois se trifurquent dans le trajet qu'elles parcourent ; on les voit dans quelques cas se croiser, cette décoration se remarque seulement dans le haut du corps.

Dans *la seconde variété*, la tête et le haut du corps sont d'un brun clair et jaunâtre, à zônes plus ou moins foncées, tandis que les deux tiers inférieurs sont d'un jaune doré et uniforme ; le haut du corps est orné de petites rosaces pourpres, à rayons noirs très-déliés; ces jolies taches simulent la fleur de nos jardins nommée *diantus barbatus*, appelée vulgairement *bouquet tout fait* ; elles sont disséminées plus régulièrement et plus rapprochées dans le haut du corps que dans le bas, où elles deviennent plus rares en arrivant vers la queue.

Comme dans la première variété, cette Truite porte sur le dos des écharpes ou banderoles disposées de même ; mais au lieu d'être noires elles sont grisâtres.

Je tenais à décrire ce genre de décoration de leur peau, qui est un des caractères des plus saillants des Truites de ce lac, et qui les ferait facilement reconnaître au milieu des Truites de nos marchés qui arrivent d'un grand nombre de rivières.

Celles des grands lacs de la Suisse sont d'un jaune très-pâle ; celles du Rhône, de la rivière d'Ain, sont d'un gris blanchâtre, légèrement azuré sur le dos ; celles de nos petites rivières de montagnes et des lacs alpins, à eaux très-vives, sont marquées de taches purpurines cerclées de noir ; mais celles du lac de St-Front sont couvertes de taches noires et de rosaces d'un type tout particulier.

La chair en est ferme, d'un rose jaunâtre ou d'un rose qui se rapproche beaucoup de celui de la chair du Saumon.

Les plus grosses prises par M. Montès n'ont pas dépassé le poids de trois kilos et quart, non qu'elles ne puissent pas arriver à un plus grand poids, puisque, lorsque les Chartreux étaient possesseurs de ce lac, on en a pris qui pesaient douze et même quinze kilos ; ce lac étant alors moins pêché, elles pouvaient arriver à leur plus grande croissance ; tandis qu'aujourd'hui, l'usage journalier du tramail ne permet à aucune d'elles d'y parvenir sans donner dans ce piége.

Lorsqu'elles dépassent le poids d'un kilo et demi à deux kilos, la chair se divise par écailles comme celle du Saumon et des grosses Truites des lacs helvétiques.

Le goût en est exquis, à un tel point que les gourmets qui en ont mangé ne peuvent supporter la différence qui existe entre les Truites de ce lac et celles de nos marchés, et qu'on ne peut les tromper sur la provenance.

CHAPITRE IV.

De la reproduction naturelle et artificielle de la Truite et des moyens de la multiplier.

L'époque à laquelle fraie la Truite est loin d'être déterminée d'une manière très-précise ; d'après les récits de ceux qui l'ont observée, nous trouvons une latitude de plusieurs mois dans nos parages ; ici, elle fraie, dit-on, en janvier et février, dans d'autres localités en décembre, et M. Montès, qui l'a soigneusement observée dans son lac et dans les petites rivières de ses montagnes, nous affirme que le frai commence vers la fin d'octobre, que l'éclosion n'est terminée qu'en décembre, et que la ponte des œufs n'a point lieu à jour fixe pour toutes les femelles, ce qui rend la durée générale de l'incubation très-variable : aussi, en raison de sa durée présumée, il reste près de deux mois sans oser tendre ses filets, pour ne point nuire à la reproduction.

Quelques naturalistes affirment que la Truite, au moment de frayer, creuse son lit dans les graviers ou dans le sable pour y déposer ses œufs, qu'elle les recouvre ensuite au moyen de sa queue et de ses nageoires, lorsqu'ils ont été fécondés par le mâle. On pense même que le mâle s'associe à ce travail.

Je ne nie point ce fait, puisqu'il a été observé au sein des eaux paisibles par des hommes dignes de foi ; mais il est certain que les choses ne se passent point toujours ainsi, et que la Truite, dans les cours d'eau les plus rapides, dépose aussi ses œufs sur la surface des pierres et des rochers qui est opposée au courant, afin de les mettre à l'abri de la puissance destructive de ce dernier et du choc des corps qu'il entraîne, qui pourrait les écraser ; ces œufs sont entourés d'un gluten, aussitôt qu'ils ont touché la pierre ils s'y collent d'une manière si solide qu'on ne peut les en détacher qu'avec peine et en les crevant.

Le dépôt des œufs étant fait, le mâle, qui à l'époque de la ponte suit de près la femelle, est attiré par un instinct naturel auquel succède le plaisir de la fécondation qui s'accomplit en répandant la laite sur le frai.

D'après les observations, la durée de l'incubation est, dit-on, de trois ou quatre mois ; je pense d'après cette donnée assez vague, qu'elle n'a pu être précisée à raison de la ponte de chacune d'elles qui n'a point lieu à jour fixe ; je pense aussi que la nature de l'eau et plus encore sa température doivent puissamment influer sur l'époque de l'éclosion ; toutefois l'avance ou le retard ne peuvent être que de quelques jours ; la nature ayant des règles dont elle s'écarte le moins possible.

Le fœtus arrivé à son terme, rompt la pellicule de l'œuf, en sort, et comme tous les êtres vivants, il est doué de l'instinct naturel de sa conservation.

Sans parents pour le soigner, abandonné à lui-même, il cherche de suite une retraite qui le mette à l'abri d'un courant trop rapide qui briserait sa faible organisation ; il vit sans doute de détritus entraînés par les eaux, d'infusoires imperceptibles, qui suffisent à sa nutrition, jusqu'à ce que ses mâchoires, plus fortes et armées de dents solides, lui permettent d'attaquer de plus gros animaux ; c'est ainsi que doivent vivre les Truitons du premier âge, attendu que l'eau vive et limpide qui serait dénuée de principes nutritifs ne saurait suffire à leur alimentation.

L'animal, dès le premier jour de sa naissance, possède les facultés qui lui font reconnaître les dangers, et lui donne

toutes les connaissances nécessaires pour aller à la recherche des choses qui sont indispensables à sa vie.

Depuis quelques années, le dépoissonnement de nos rivières ayant éveillé l'attention des hommes qui s'occupent
de la pêche comme industrie, ils ont fait de nombreux essais
pour arriver au moyen de les repeupler ; c'est à MM.
Rémy et Géhin, que nous devons l'ingénieuse découverte
de l'éclosion artificielle des œufs de poissons.

Lors même que nous reproduisons plus loin, d'une manière détaillée, le procédé mis en usage par MM. Rafin et
Janot qui habitent dans le département de l'Isère, nous ne
croyons point sans utilité de parler des inventeurs et des
maîtres avant d'arriver aux élèves.

C'est à M. Rémy habitant de la commune de Remire-
mont dans les Vosges, pêcheur des plus illettrés, mais grand
observateur de la vie et des habitudes des poissons qui
peuplent les rivières de ses montagnes, qu'on doit, sinon la
découverte, du moins la mise en pratique de la pisciculture
de la Truite ; pour lui la découverte n'en est pas moins
réelle, et pour la pratique, qui est la chose utile à la vie
humaine, c'est à lui seul qu'elle appartient.

On ne peut l'accuser d'avoir lu ou entendu parler des
expériences de Jacobi, de Spallanzani, de Lacépède, de
Golstein, de Boccius, et d'autres naturalistes, qui ont écrit
sur la possibilité d'obtenir artificiellement l'éclosion des
œufs de poissons ; sa vie retirée et tout occupée de travaux
agricoles ou de la pêche dans les ruisseaux voisins de Remi-
remont l'a seule inspiré ; son ignorance dans la théorie des
sciences naturelles, ne permet pas de croire qu'il ait jamais eu
l'idée qu'on se fût occupé de tenter l'éclosion artificielle des
œufs de poisson ; d'ailleurs si cette découverte a été connue, il

y a plusieurs années, elle est restée sans fruit pour le commerce et à l'état de fait scientifique; c'est à lui qu'on doit l'immense avantage de pouvoir repeupler les lacs, les fleuves et les rivières, transporter des œufs fécondés au loin, faire vivre de nouvelles espèces dans des eaux où elles n'existaient pas, les y acclimater à l'état d'embryon et les y nourrir.

M. Rémy, frappé de la diminution toujours croissante des Truites des rivières de son voisinage, mit à profit les observations isolées qu'il avait faites sur la vie de ce poisson.

Il savait que dans les Vosges la Truite remontait les rivières et les ruisseaux pour y frayer, que c'était vers le milieu du mois de novembre que la ponte avait lieu; en observateur persévérant, il voulut se rendre un compte exact de cette opération naturelle; en sentinelle constante, il passa de longues journées et même des nuits au clair de la lune pour être le témoin oculaire de l'accouchement et de la fécondation; le résultat de ses investigations lui fit constater les faits suivants:

La femelle qui se sent le besoin de déposer ses œufs choisit dans le lit de la rivière, un lieu qui lui paraît favorable, qui soit abrité et où le courant ne vienne point bouleverser son dépôt; ce lieu adopté, elle se frotte le ventre sur le sable ou le gravier, et par de petits mouvements en avant, en arrière et de côté, en s'aidant des nageoires et de la queue, elle arrive à se creuser un lit peu profond; il paraît que ce frottement est non seulement nécessaire pour creuser un gîte à la ponte, mais que l'excitation qu'il produit, facilite la sortie des œufs en déterminant une contraction des muscles du bas ventre.

Le dépôt achevé, les mâles qui suivent les femelles dans leur course remontent dans les rivières, parcourent leurs eaux, et recherchent les lieux où la ponte a eu lieu; sou-

2

vent le mâle suit de près la femelle et attend l'achèvement
de la parturition. Quoi qu'il en soit, attiré par un instinct naturel, lorsqu'il a reconnu le dépôt qu'il doit féconder, il se
place au dessus, se frotte le ventre contre le gravier en exé-
cutant le même genre de mouvements que la femelle; ce frottement déterminant chez lui l'excitation nécessaire à la contraction des organes qui entourent la laite, son émission a
lieu, les œufs en sont imprégnés, l'absorption séminale se fait,
les œufs sont fécondés, et le surplus de cette laite trouble
l'eau pendant un instant. Ce qui se passe dans cette opération nous indique qu'une grande partie du sperme est
entraînée par le courant de l'eau et que la fécondation a
lieu instantanément.

Dans les mouvements que fait le mâle au dessus des œufs
avec son ventre, sa queue et ses nageoires, il recouvre
les œufs d'une couche de sable ; cette opération terminée,
le frai est ainsi abandonné; l'eau filtre au travers de ce dépôt, et au moment de l'éclosion, lorsque les embryons ont
passé à l'état de Truitons, ils soulèvent les grains de sable
et de graviers qui les recouvrent et se font jour dans le
courant de la rivière pour y vivre à l'exemple de leurs pères.

C'est à la suite de ces observations que M. Rémy a
imaginé de placer dans une boîte percée de trous les œufs
qu'il avait vu pondre et féconder de ses propres yeux ; que,
son essai ayant réussi, il a tenté de procéder à l'accouchement de la femelle dans un baquet d'eau, et à l'émission
de la laite du mâle pour les féconder, et qu'enfin cette
fécondation a été couronnée de succès.

Telle a été en résumé la série d'observations et d'expériences qui ont amené M. Rémy à la découverte pratique
de la pisciculture. Comme réussite, les résultats dépassent
la ponte naturelle, attendu que le courant peut bouleverser

les dépôts, que les œufs qui sont entassés peuvent n'être point tous imprégnés de la laite, qu'ensuite il est probable qu'il ne sont pas tous trouvés et fécondés par les mâles, tandis que par la fécondation de M. Rémy, les œufs et la laite sont mélangés et se trouvent dans un contact régulier.

Ce n'est que lorsque M. Rémy eut fait sa belle découverte, que M. Gehin lui vint en aide pour la perfectionner et pour élever les Truitons dans des étangs qui n'avaient jamais été habités que par la tanche, la carpe et le brochet. Ce fut alors que ces deux pêcheurs cherchèrent, par des plantes aquatiques, par des batraciens, des mollusques à fournir à leurs nouveaux hôtes un lieu confortable qui put leur plaire, en retrouvant dans cette nouvelle patrie un ameu-blement, qui, moins l'eau courante, leur procure les éléments de vie existants dans les lieux habités par leurs ancêtres.

Sans données aucunes en histoire naturelle et en physiologie, guidés simplement par leurs observations sur le frai naturel de la Truite, sans être mus par les avantages d'un brevet, par la vente d'un secret, ou par les honneurs qui pouvaient se rattacher à une aussi belle découverte, ils firent en silence de nombreux essais, et lorsque leurs travaux furent couronnés de succès, ils s'empressèrent de divulguer leur procédé afin qu'il devînt profitable à tous ceux qui auraient un intérêt à le mettre en usage.

Si plus tard le gouvernement et les sociétés savantes leur ont donné des éloges et de faibles primes d'encouragement, ce n'est point à leurs sollicitations qu'ils les ont dus, mais aux démarches des hommes qui ont compris l'importance de cette découverte dont les modestes pêcheurs ne retiraient d'autre titre d'honneur que celui d'être assez obligeants pour initier à leur secret le premier venu qui y trouvait un avantage. On ne peut point mettre en avant, que M Rémy ait été inspiré par la lecture d'ouvrages scientifiques sur la possibilité de la reproduction artificielle de la Truite ou de toute autre espèce ; MM. Rémy et Géhin n'ont point lu la méthode publiée par Jacobi il y a bientôt un siècle, pas plus que celle de Boecius, ingénieur en Angleterre, qui, dit-on, en avait fait usage dans plusieurs rivières de cette contrée. Nous ne venons point contester ces faits ; mais nous sommes étonné que l'Angleterre, qui est si peu en arrière de faire valoir ses propres découvertes, n'en ait pas immédiatement tiré parti, et que le savant M. Milne Edwards, membre de l'Institut, veuille maintenant revendiquer l'invention du procédé en faveur de l'Angleterre.

Quoi qu'il en soit du lieu où s'est faite la découverte et de l'honneur qui en revient à ses auteurs, il n'en reste pas moins constant que les pêcheurs vosgiens doivent à eux seuls leur procédé , et que c'est à eux qu'on doit la mise en pratique d'une théorie qui est restée stérile et qui a passé pour ainsi dire inaperçue sous le rapport des immenses avantages qu'on peut en retirer ; que c'est à eux encore que l'industrie devra ce nouveau moyen de repeupler nos lacs, nos étangs et nos rivières. Peu importent les travaux historiques du comte de Golstein et les travaux isolés de Boecius sur cette question ichthyologique, si la pratique enseignée par MM. Rémy et Géhin n'était venue donner à tous les nouveaux pisciculteurs les moyens les plus certains et les moins dispendieux pour la fécondation artificielle des œufs de poissons, afin de repeupler les eaux douces.

C'est en 1841 que ces deux innovateurs, forts de leurs essais précédents , ont mis au jour leur ingénieux procédé.

M. Géhin lui-même, dans une séance du Comité des arts , manufactures et commerce, du 28 janvier 1851, est venu, par des expériences, confirmer la découverte qui permet de transporter à de longues distances des œufs de truite fécondés.

On sait que la Truite, hors de l'eau, ne vit guère plus de deux à trois minutes ; que, portée d'un lieu à un autre dans un vase quelconque, même en ayant soin de renouveler l'eau, on ne peut réussir à lui faire supporter un bien long trajet, et qu'elle périt bientôt malgré toutes ces précautions ; tandis que rien n'est plus facile que le transport des œufs fécondés d'après le procédé Rémy : on les place dans un vase plein d'eau, qu'on a soin de renouveler assez souvent ; l'agitation que le liquide éprouve pendant le trajet, loin d'être nuisible, convient parfaitement.

Il existait un obstacle invincible pour empoissonner des étangs, lacs et rivières, où la Truite pouvait vivre ; par la méthode Rémy, toute difficulté est donc levée, puisque l'expérience est venue prouver qu'on pouvait, sans crainte d'avortement, transporter des œufs fécondés à des distances de 7 à 800 kilomètres.

M. Géhin est aussi venu détruire un préjugé, celui de penser que la Truite ne pouvait vivre dans nos étangs et dans certaines rivières trop paisibles, dans la conviction où l'on était qu'un courant rapide, à eau très-vive, était une nécessité de sa vie. Il a prouvé par des faits la fausseté de cette opinion en empoissonnant deux étangs du village de la Bresse (Vosges), où la Truite vit et se développe tout aussi bien que le faisaient auparavant la carpe et le brochet, dont le produit était loin d'être aussi lucratif. Ces deux étangs ont fourni douze cents Truites de taille moyenne au bout de deux ans.

Ces pisciculteurs évaluent à cinquante mille le nombre des Truitons qu'ils ont mis dans la Moselotte, petite rivière qui passe à la Bresse. D'autre part, M. Kientry maire de Waldestin, dans le Haut-Rhin, les a chargés de repeupler les cours d'eau de cette commune; ils ont parfaitement réussi.

Ces faits prouvent la haute importance d'une telle découverte mise en pratique.

Voici en quelques mots le procédé de M. Rémy:

La Truite fraie dans les Vosges fin novembre ou vers le commencement de décembre; il reconnaît celles qui sont prêtes à pondre, lorsque, par une légère pression exercée de haut en bas sur l'abdomen, les œufs sortent avec facilité; si, au contraire, cette sortie n'avait lieu qu'en serrant très-fortement, dans cette espèce d'accouchement forcé, d'une part on pourrait faire périr l'animal producteur, et de l'autre les œufs, n'étant point arrivés à leur terme, pourraient rester improductifs.

Les mêmes précautions doivent être prises à l'égard du mâle au sujet de la sortie de la laite.

Il a observé qu'une Truite de deux ans, qui pèse environ 125 grammes, peut fournir six cents œufs, et qu'une Truite de trois ans en donne sept à huit cents; que la laite d'un mâle peut féconder les œufs de six à huit femelles, et même davantage.

Le choix fait des femelles et des mâles, dont il calcule les facultés productrices, il procède à l'opération de la sortie des œufs qu'il fait couler dans un baquet d'eau; aussitôt après, il en fait autant pour celle de la laite, et il remue le mélange; l'eau ainsi spermatisée, on la laisse en repos; lorsque le dépôt est achevé, il place les œufs dans des boîtes de fer-blanc, criblées de petits trous sur toutes leurs faces. Ces boîtes ont environ quinze centimètres de diamètre sur huit de profondeur; chacune peut contenir un millier d'œufs.

La boîte ainsi préparée, est placée à peu de profondeur dans le sable d'un ruisseau à cours paisible, en s'assurant néanmoins qu'un léger courant aura lieu au travers pour favoriser la respiration des embryons et pour empêcher le développement de conferves qui dans une eau stagnante ne tarderaient pas à envahir l'espace libre de la boîte et feraient avorter le frai.

Dans les Vosges, M. Rémy a remarqué que l'incubation durait environ quatre mois et que ce n'était que vers la fin de mars ou au commencement d'avril que l'éclosion avait lieu ; il a observé que pendant six semaines environ le Truiton nouveau-né conservait sous l'abdomen la vessie ombilicale ou vitelline qui renferme une matière nutritive dont il s'alimente. On conçoit que lorsque ce magasin de prévoyance est épuisé, il faut lui donner la liberté et le mettre en mesure de chercher d'autres aliments nécessaires à sa vie ; c'est alors que la boîte est ouverte dans la rivière ou l'étang qu'on veut empoissonner.

MM. Rémy et Géhin conseillent d'apporter des grenouilles dans les eaux où l'on met ces nouveau-nés qui sont très-friands du frai des batraciens ainsi que de leur progéniture à l'état de têtards.

Nous avons puisé la plupart des détails qui se rattachent aux expériences de MM. Rémy et Géhin dans un intéressant rapport fait par M. Aymar-Bression, secrétaire général de l'Académie nationale de la Société française de Statistique universelle. Mais nous allons exposer d'une manière plus méthodique le procédé actuellement mis en usage dans le département de l'Isère par MM. Rafin et Janot.

Ils prennent, par exemple, trois Truites femelles qu'ils jugent être au moment de frayer, et un mâle dans les mêmes conditions, qu'ils choisissent autant que possible de même grosseur ; ils saisissent la femelle d'une main en la serrant près des ouies ; ils lui plongent le bas du corps dans un baquet d'eau de source ou de rivière, et avec l'autre main, après de légères frictions, ils exercent une pression graduelle de haut en bas sur l'abdomen ; cette pression fait rompre la membrane qui enveloppe les œufs, ceux-ci coulent alors dans l'eau du baquet, et par des pressions réitérées on obtient la sortie presque complète du frai ; on répète la même opération sur les trois femelles, et l'on agit absolument de même sur le mâle pour obtenir la sortie de la laite qu'on fait couler dans le même vase ; aussitôt la chose terminée, on remue exactement ce mélange avec la queue du mâle qu'on tient par les ouies, sans que la main pénètre dans l'eau.

Nous ne saurions expliquer quelle est la vertu que cet instrument vivant peut avoir, et s'il s'échappe encore par ce mouvement un principe prolifique ; mais ces pisciculteurs habiles et expérimentés recommandent expressément de ne se servir ni de la main ni d'aucun corps étranger pour agiter l'eau qui recèle ce mélange.

Cette opération achevée, les œufs ne doivent rester dans cette première eau que deux à trois minutes au plus ; trop peu de temps empêcherait aux œufs de se féconder, et si l'on dépassait trois minutes, d'après les expressions de ces pisciculteurs, *les œufs seraient brûlés.*

Il paraît que la laite contient un principe actif qui, trop longtemps en rapport médiat avec les œufs, les désorganise et les rend stériles.

D'après cela, ne serait-on point porté à penser qu'un mâle pourrait peut-être suffire à un plus grand nombre de frais, en laissant en repos plus longtemps ce mélange ; l'action spermatique doit aussi varier d'après le volume d'eau où il est étendu ; ce sont de nouvelles expériences à tenter pour arriver à des règles plus certaines.

Quoi qu'il en soit, les deux ou trois minutes écoulées, on verse l'eau du baquet jusqu'à la hauteur du dépôt, et on la renouvelle une fois seulement.

Les choses arrivées à ce point, on peut alors laisser ce dépôt plus ou moins longtemps dans cet état, jusqu'au moment où on le renferme dans les boîtes à incubation.

Un fait très digne de l'observation des naturalistes, c'est l'action presque instantanée de la matière prolifique sur l'œuf ; la marche de la fécondation est si rapide qu'au bout de dix minutes vous distinguez très-bien les œufs fécondés de ceux qui sont frappés de stérilité. Nous comprenons, en effet, sans pouvoir l'expliquer, qu'il faut qu'il existe entre l'œuf et la matière spermatique une attraction, une espèce d'affinité extrême, pour que la fécondation s'opère, en nous reportant au frai naturel de la Truite dans une rivière où les œufs sont exposés à l'action d'un courant rapide, lorsqu'ils sont à découvert et simplement collés sur les parois d'une roche, et même lorsqu'ils sont cachés sous une couche légère de sable où l'eau filtre continuellement, délaie et entraîne la laite que le mâle y a déposée. On comprend dans ces deux cas, et dans le premier surtout, combien est subite l'action entre ces deux corps pour que, dans leur attouchement instantané, l'absorption du sperme soit faite par l'œuf, et que ce dernier soit fécondé aussitôt. Voici ce que l'œil de l'observateur peut distinguer et comment les choses se passent : au sortir du ventre de la

femelle, les œufs sont injectés de sang ; mais du moment
où ils sont mis en rapport avec le sperme, cette couleur
rouge disparaît pour passer à un jaune doré foncé ; tandis
que ceux qui ne sont point susceptibles d'être fécondés
passent à une teinte blanchâtre, perdent leur transparence
et se décomposent.

Un petit point noir apparaît toujours dans les œufs
fécondés et devient un signe certain de la fécondation.

L'éclosion se fait aussi d'une manière toute particulière
et n'a point lieu comme celle d'un grand nombre d'ovipares,
où l'animal sort complet de sa prison lorsqu'il a épuisé
toutes les ressources qui servaient à sa nutrition dans
l'œuf.

Dans l'œuf du poisson, on voit se développer d'un côté
une saillie qui forme la queue, et au flanc opposé, une
autre saillie formée par la tête ; des déchirures s'opèrent,
et le corps de l'œuf, qui ne cesse point de conserver sa
rotondité, donne naissance au tronc du poisson et se trans-
forme en poche remplie de matière nutritive, qui enveloppe
le bas de l'abdomen.

Ces diverses phases peuvent être facilement étudiées par
les naturalistes en examinant toutes les transformations qui
s'opèrent pendant la durée de l'incubation ; c'est à M. Géhin
que nous devons ces premières observations. Un physio-
logiste, par l'inspection des boîtes, peut avec plus de
certitude décrire les phénomènes qui se succèdent depuis la
fécondation de l'œuf jusqu'au moment où le poisson,
débarrassé de sa vessie ombilicale, se trouvant à l'état
complet, est obligé de vivre par ses propres forces. C'est
une étude toute nouvelle pour la science sous le rapport
physiologique.

Revenant à ce qui concerne la mise en dépôt des œufs

fécondés dans une ou plusieurs boîtes, MM. Rafin et Janot conseillent qu'elles soient faites en feuilles de zinc, comme moins oxidables que celles de tôle ou de fer-blanc, de cuivre ou de plomb; sans doute, celles d'or ou d'argent vaudraient tout autant si elles étaient moins coûteuses. Quant à celles de bois, elles seraient peut-être moins chères; mais pour la fermeture et la faible dimension des petits trous qui doivent en couvrir la surface, elles présenteraient de grands inconvénients, soit par l'ouverture, à raison du bois qui se serait déjeté, soit par l'occlusion des trous occasionnés par le gonflement des parois.

La forme de ces boîtes offre peu d'importance; néanmoins une boîte carré long ou ovale me paraît préférable pour la filtration de l'eau, en plaçant la longue face dans la direction du courant; il faut seulement qu'elles aient assez de profondeur pour recevoir un à deux centimètres de sable, le dépôt des œufs, plus un espace convenable au-dessus de ces derniers, occupé par l'eau. N'importe la manière d'ajuster le couvercle, que ce soit par une charnière ou par un simple emboîtement, pourvu que la boîte puisse s'ouvrir sans secousses et sans trop d'efforts.

Toutes les faces de ces boîtes doivent être criblées de petits trous rapprochés entre eux, afin que l'eau puisse filtrer au travers et dans tous les sens.

Avec une boîte ainsi fabriquée, lorsque vous voulez la mettre en usage, vous la portez, ainsi que le vase où sont contenus les œufs fécondés, près du lieu où vous voulez faire votre essai; vous creusez dans le lit de la rivière ou du ruisseau un trou de la dimension voulue, après avoir choisi un endroit où le courant ne soit pas trop rapide, et qu'il ne puisse, dans une crue inattendue, bouleverser cette retraite provisoire que vous allez construire.

Les choses étant ainsi préparées, vous placez dans votre boîte une couche de gravier ou d'assez gros sable pour qu'il ne puisse point s'échapper par les ouvertures des parois de la boîte; vous mettez les œufs sur ce lit; vous refermez la boîte et vous la placez dans le creux que vous avez pratiqué, posée horizontalemement; vous l'entourez de petits cailloux ou de rocailles, et vous garnissez le dessus d'une faible couche de gros sable que vous élevez au niveau du lit de la rivière; cette dernière opération achevée, vous laissez à la nature le soin de terminer l'incubation.

Un tel arrangement permet à l'eau de filtrer lentement dans l'intérieur de la boîte, empêche aux insectes d'y pénétrer et à la vase d'y séjourner. Sous cet abri, les œufs se trouvent dans de bonnes conditions pour que l'incubation prospère et que l'éclosion se fasse avec fruit. Ce dernier résultat, comme nous l'avons dit, n'a point de règle bien fixe; il peut varier de quelques jours ou de quelques heures dans la même contrée d'après la nature de l'eau et la température atmosphérique. A l'époque qui vous a été indiquée par l'expérience, vous devez visiter vos boîtes, et ce n'est point par un retard de deux ou trois jours que vous risquez de perdre vos nouveau-nés, puisque, d'après les observations des pisciculteurs, le truiton, dégagé de son enveloppe, peut vivre quinze jours et plus en se nourrissant de la matière que contient la vésicule ombilicale; mais du moment où cet organe temporaire se flétrit, se vide et disparaît, vous devez donner une entière liberté à ces petits êtres pour qu'ils puissent aller à la recherche des aliments qui conviennent à leur âge.

Si vous voulez empoissonner un réservoir, un étang peu éloigné du ruisseau où l'éclosion doit se faire, vous transportez votre boîte dans un vase plein d'eau, vous renouvelez l'eau si la distance est assez grande, et arrivé vers le lieu que vous voulez empoissonner, vous donnez la liberté à vos truitons.

MM. Rafin et Janot emploient aussi une autre méthode qui leur réussit très-bien sans l'emploi de boîte en zinc : elle consiste à creuser un trou dans un petit ruisseau ou une simple rigole à eau vive, à y déposer les œufs fecondés, et à les recouvrir d'une couche de sable ; là, comme dans une boîte, l'éclosion se fait parfaitement.

On comprend les moyens à employer pour leur donner la liberté, soit qu'on veuille les laisser vivre dans ce ruisseau maternel ou les transporter ailleurs, pourvu que ce soit à une très-faible distance.

M. Montès, en possession de tels procédés régénérateurs, pourra obtenir facilement le nombre de Truites nécessaires pour l'empoissonnement annuel de son lac et des ruisseaux voisins, puisque MM. Rafin et Janot ont obtenu, avec le frai de trois à quatre truites en dépôt dans deux boîtes, deux mille truitons.

Il pourra faire de nombreux élèves dans des réservoirs dont nous parlerons plus loin ; il attendra que ces petits êtres aient pris des dimensions qui les préservent d'être avalés par les grosses truites qui sillonnent les eaux de son lac ; car si chaque année il y met deux à trois mille truitons qu'il pêche avec peine dans les ruisseaux voisins, il est probable que quelques jours après qu'il les y a jetés, plus de la moitié ont été dévorés à raison de leur peu de grosseur, attendu qu'une Truite de 1 kilogr. avale très-facilement une Truite de 100 à 150 grammes, et que celle de 2 kilos en fait de même pour sa compagne, pesant de 250 à 260 grammes.

La belle découverte de M. Rémy donne donc à M. Montès

le double avantage d'avoir son empoissonnement sous la main, de ne le jeter dans son lac qu'au moment où il pourra s'y défendre, et enfin de lui épargner la peine et les frais indispensables pour s'approvisionner dans les ruisseaux voisins qu'il dépeuple en y prenant un grand nombre de truitons qui pourraient y grandir et lui conserver un nouveau produit.

CHAPITRE V.

De l'alimentation naturelle et artificielle de de Truite.

Comme nous l'avons déjà dit, la Truite est un des poissons les plus voraces qui existent; elle ne le cèderait en rien à la famille des Squales si la force de ses mâchoires, de ses dents et la dimension de sa bouche lui permettaient de saisir et d'avaler de grosses proies; elle mange toute espèce de poissons, et les plus petites deviennent souvent les victimes des plus grosses.

Les Truites sont très-agiles; elles remontent les courants les plus rapides et même les cascades d'une certaine élévation; dans ce dernier cas, elles attendent la crue des rivières où se trouvent des chutes dont l'eau tombe perpendiculairement; mais du moment où la rivière grossit, la force d'impulsion donne au courant plus d'obliquité; alors elles en profitent pour le remonter; elles replient leur queue, qui prend un point d'appui sur l'eau, s'élancent avec vigueur en dehors du courant en décrivant une courbe pour y rentrer, et répètent ce genre de saut jusqu'à ce qu'elles soient arrivées au lit supérieur de la rivière; j'ai été deux fois témoin de cet exercice; souvent elles retombent dans le gouffre étant presque au terme de leur ascension; mais elles ne perdent point courage; elles recommencent avec la même ardeur jusqu'à ce qu'elles aient vaincu l'obstacle ou que leurs forces soient réduites à l'impuissance.

On a calculé que, dans une cascade dont l'eau tombe

perpendiculairement , si on divise la distance parcourue par un ou plusieurs sauts, en huit parties égales , du point de départ à l'arrivée, la Truite, dans cette course ascendante, ne perdait que trois parties sur huit, et conséquemment en gagnait cinq en progression.

Les grands fleuves où elles vivent en fournissent à tous leurs affluents , où elles trouvent une eau qui leur convient et une nourriture suffisante.

La Truite est voyageuse, surtout dans le moment du frai ; elle remonte les petites rivières et de faibles ruisseaux jusqu'à leur source pour y déposer ses œufs, sans doute afin que les petits qui en sortent soient moins exposés aux dangers multiples des forts courants et des grandes eaux , où se trouvent beaucoup plus d'ennemis ; néanmoins, lorsqu'elle a atteint une certaine grosseur et qu'elle a accompli l'acte générateur, elle cherche d'autres cours d'eau ; si elle rencontre un bon gîte, elle se cantonne, se retire dans les grands fonds , dans des excavations de rochers , dans l'intervalle des racines ; là elle vit isolément et, suivant sa grosseur, choisit une demeure d'une dimension qui convienne à sa taille pour se mettre à l'abri des attaques d'ennemis d'une plus grande corpulence qui ne peuvent pénétrer dans ce réduit; elle reste à l'affût d'une proie qui ne passe pas toujours à sa portée; mais comme la faim est un mobile puissant qui fait braver les plus grands dangers , elle sort de sa sombre retraite pour se mettre en chasse, et c'est surtout la nuit qu'elle recherche et poursuit sa proie avec une ardeur infatigable qui l'expose elle-même à beaucoup de périls; il faut non seulement qu'elle soit en garde contre les poissons de plus grande taille, mais encore contre la loutre et une foule d'oiseaux , tels que les échassiers , les canards de toute espèce et les plongeurs , qui en sont très-

friands lorsque la grosseur ne s'oppose point à leur prise.
Aussi les Truites du premier âge sont-elles beaucoup plus
exposées à raison de la petitesse de leur corps, qui ne
présente aucune difficulté à la voracité et à la force de
leurs ennemis.

Je les ai vues très-souvent chasser le soir au clair de la lune
et le matin à l'aube du jour; elles poursuivent avec la rapi-
dité de l'éclair de petits poissons qui, pour leur échapper,
s'élancent hors de l'eau; les Truites faisaient le même saut
pour les atteindre et le répétaient autant de fois que leur
victime, jusqu'à ce qu'elles s'en rendissent maîtresses ou
que le fuyard pût trouver un asile inattaquable.

D'un naturel carnassier, elles se nourrissent de substances
animales très-variées; tous les êtres organisés qui peuplent
les eaux où elles vivent sont pour elles de bonne prise
lorsque leur dimension ne s'oppose point à ce qu'ils soient
ingurgités; mais elles sont très-friandes du goujon, de la
loche ou dormille, du vairon et de l'épinoche; le meunier,
qui est si commun, et toutes les espèces de poissons, leur
servent également de nourriture ainsi que les batraciens.
Elles recherchent avec avidité les écrevisses; elles mangent
les mollusques, les larves d'insectes, telles que celles des
cousins et de tous les aquatiques, les éphémères, les vers,
les mouches, les sauterelles et tous les insectes terrestres
qui sont entraînés dans les rivières par les eaux pluviales.
Il est probable même que lorsqu'elles sont affamées, elles
ne répugnent point à se nourrir de graines et de débris de
végétaux que les eaux charrient, ou de plantes aquatiques
qui croissent dans celles où elles vivent.

Nous ne pouvons mettre en doute aussi qu'on ne puisse
les nourrir artificiellement dans le lac de Saint-Front ou
tout autre lieu, si les aliments habituels venaient à leur

manquer; je puis citer à cet égard un exemple concluant :
un de mes amis, qui possédait un vaste bassin alimenté par
une source d'eau vive très-volumineuse, qui coulait à une
faible distance du flanc d'une colline, nourrissait six à huit
quintaux de Truites dans ce réservoir, et ce ne sont point
les produits animaux que pouvaient recéler ces eaux ou
ceux qui y étaient entraînés par accident qui pouvaient
suffire à autant d'estomacs. Pour parer à la famine, qui en
aurait fait périr le plus grand nombre, on suppléait au
manque de vivres naturels en leur jetant tous les débris de
cuisine, les intestins de volailles, de porcs et d'autres
animaux. A l'époque des vers à soie, on leur donnait la
chrysalide au sortir de la bassine où se déroule le fil
des cocons.

Ces Truites, sans retraites sombres pour se cacher,
habituées à voir continuellement des promeneurs sur les
bords de ce bassin, s'étaient pour ainsi dire apprivoisées,
venaient à la voix; dès qu'elles apercevaient quelqu'un,
elles s'approchaient de la berge dans l'espoir d'une offrande,
et si on leur tendait avec la main un ver, une sauterelle
à peu de distance de la surface de l'eau, elles sautaient
pour s'en emparer.

Devenues très-familières à raison de ces largesses répé-
tées, elles reconnaissaient ceux qui avaient l'habitude de
leur donner et arrivaient très-confiantes sur les bords, dans
l'espoir d'exciter leur générosité.

Il est donc très-constant qu'on peut les nourrir artificiellement en leur donnant tous les rebuts des chairs d'animaux
domestiques ou sauvages; ceux morts accidentellement qui
seraient dépecés et hachés; dans certaines saisons, les vers
des cocons, les hannetons, des batraciens qui peuplent nos
eaux fangeuses, enfin des vers de terre et des insectes

de tous les genres, et même dans l'hiver, des céréales.

Dans le lac de Saint Front, les seuls animaux qui servent à les nourrir sont le goujon, la dormille et le frétin de quelques tanches qui ont échappé au tramail, car, après la Truite, ce sont les seuls poissons qui y existent. M. Montès y avait mis quelques carpes, il y a plusieurs années; mais depuis lors ni grosses ni petites n'ont paru dans ses filets ou à la surface de l'eau; d'où il a conclu qu'elles n'avaient pu y vivre.

Elles se nourrissent également de leurs enfants, de grenouilles, d'insectes aquatiques et terrestres qui y sont apportés accidentellement par les eaux et les vents, et peut-être aussi, dans les moments de disette, de débris de plantes qui croissent dans le lac.

CHAPITRE VI.

Des travaux d'art pour favoriser et étendre la pisciculture de la Truite.

Si une bonne alimentation est indispensable à la Truite pour sa multiplication et sa croissance, l'espace et même la forme des lieux n'est pas moins nécessaire pour ses mouvements et ses chasses journalières; on peut, pour atteindre ce but, si l'on a une source d'eau vive ou un ruisseau intarissable dont le volume d'eau peut s'entretenir dans de bonnes conditions de température et de renouvellement, on peut, disons-nous, creuser des réservoirs et faire de petits étangs où la Truite pourra vivre naturellement, ou artificiellement si elle manquait d'aliments ordinaires.

Mais on ne doit pas oublier qu'on ne peut multiplier utilement cette belle espèce qu'en raison de l'espace pour le nombre, et des moyens reconnus pour la nourrir, de manière à ce qu'elle ne souffre point et qu'elle fructifie.

D'après ces principes, le génie du pisciculteur fera ses calculs pour l'empoissonnement; il aura le soin, quand la chose sera possible, de laisser entre la source et le réservoir le trajet d'un courant assez étendu pour que la Truite puisse le remonter; de même, dans les ruisseaux ou petites rivières, si l'on construit plusieurs écluses ou si l'on creuse plusieurs étangs, on laissera toujours entre eux une assez grande distance pour qu'elle puisse se promener dans ce tronçon de rivière, y prendre ses ébats, et pour que son séjour, limité par l'art, lui paraisse naturel et complaise à ses habitudes.

Maintenant, c'est à l'aide de ces réservoirs sur le penchant
d'une colline, et de petits étangs dans le fond d'une vallée
où coule un ruisseau, que l'on peut amener la pisciculture
à agrandir son cercle, en assurant la continuité de ses
produits.

Nous dirons peu de chose de ces réservoirs isolés destinés
à recueillir l'eau d'une source et qu'on veut utiliser pour y
élever des Truites; en cela, on se conformera aux règles
adoptées pour l'établissement de toutes les pièces d'eau,
soit à raison de la perméabilité du sol, soit pour la construction de leurs parois; souvent il suffit de creuser le terrain
s'il est peu perméable et que le volume d'eau de la source
qui l'alimente puisse parer aux pertes causées par la filtration et l'évaporation.

Quant aux étangs ou écluses qu'on peut établir, ayant
un ruisseau pour les alimenter, c'est l'inspection de la vallée
qui doit guider sur l'emplacement à choisir; ils doivent
être faits d'après les règles connues et se composer d'une
chaussée solidement construite, dont la résistance soit
calculée en raison du poids et de la force impulsive du
volume d'eau qu'elle aura à supporter; sur l'un de ses
points, vers la partie la plus profonde du ruisseau,
on placera une bonde à clef pour les vider au besoin; on
construira à chaque extrémité de la chaussée, ou d'un
côté seulement, d'après le volume d'eau, un dégorgeoir
à claie serrée et assez élevée pour l'écoulement du trop
plein et pour empêcher la Truite de la franchir; ces dégor-
geoirs auront des dimensions calculées d'après les grandes
crues.

On pourra même, par prévision, si le besoin s'en faisait
sentir, construire sur la chaussée un empellement qu'on
ouvrirait dans les cas de grandes inondations, en ayant le

soin de placer sur le derrière une grille pour s'opposer à
la fuite du poisson.

Si plusieurs de ces réservoirs se succèdent dans le même
cours d'eau, ils seront placés à d'assez grandes distances
les uns des autres, afin que la Truite ait plus d'espace à
parcourir entre eux. On devra mettre tous ses soins à
meubler ce séjour artificiel, non seulement pour la conservation de la Truite, mais encore pour celle des espèces
dont elle se nourrit, afin que toutes puissent y vivre et
procréer.

On fera des enrochements à la base de la chaussée et
même sur les berges du réservoir, ainsi que dans le parcours
supérieur du ruisseau et dans les bas-fonds qui seraient trop
dénudés; on y placera quelques quartiers de roche; sur les
bords où il existe assez de terre végétale, on plantera
des arbrisseaux et des arbres qui croissent dans les lieux
humides, dont les racines forment des retraites à la longue,
et dont l'ombrage, dans la saison chaude, entretient la
fraîcheur de l'eau et en modère l'évaporation.

On doit chercher autant que possible à copier la nature
dans ces viviers et leurs affluents; il faut non seulement les
disposer de manière à plaire à la Truite, mais encore à
toutes les espèces aquatiques; il faut que chacune y trouve
des éléments de vie; il faut éviter que la Truite, d'un
naturel si vorace, puisse trop aisément dévorer et anéantir
les races nombreuses d'animaux qui la font vivre; il faut
lui laisser l'attaque libre, mais il ne faut pas que les victimes soient sans défense; dans la retraite, il faut qu'elles
trouvent des lieux de refuge inattaquables.

Pour l'établissement de la chaussée, on doit choisir
autant que le permettent les lieux, l'endroit le plus étroit
de la vallée, qui ne soit point en butte à un courant trop

rapide; il faut rechercher la partie où les versants supérieurs à la chaussée s'évasent pour donner plus d'espace au périmètre du bassin.

Par la hauteur de la chaussée, au moyen du nivellement, on se rendra compte de l'étendue du sol qui sera couvert par l'eau lorsqu'elle atteindra telle ou telle élévation; la construction de la chaussée est un des points les plus importants : 1° sous le rapport de la solidité; 2° de l'imperméabilité; 3° des dépenses. Relativement à la première question, si le sommet de la chaussée doit présenter une forte résistance à la pression de l'eau, la base en réclame encore bien davantage. A défaut de chaux, qui augmenterait les frais de maçonnerie, on fera un premier mur en pierres sèches, en plaçant les plus gros blocs à la base, qui doit être plus large; la paroi du mur faisant face au bassin sera perpendiculaire, et la paroi opposée décrira une ligne oblique de haut en bas.

Sur le derrière, on pourra faire un autre mur, mais en laissant toujours entre eux un large intervalle, dont on comblera le vide avec des déblais; mais quel que soit le genre de construction adopté, il faudra toujours élever dans le centre de la chaussée un mur longitudinal, en terre glaise, de 20 à 25 centimètres d'épaisseur, qui en occupe toute l'étendue; on aura le soin d'enlever de cette terre toutes les racines et les pierres qu'elle pourrait contenir; on battra cette argile avec force et régularité; les deux parois de ce mur seront flanquées d'un remblai de terre qu'on battra également, en l'absence d'un mur en béton, qui serait beaucoup plus dispendieux, c'est le mode de construction le plus rationnel à employer pour s'opposer à la perméabilité.

La chaussée ainsi élevée, le pisciculteur qui augmente à grands frais les produits de sa pêche en multipliant l'espèce, doit calculer d'avance si l'élévation qu'il a donnée à une eau qui coulait dans le fond de la vallée sans utilité pour les riverains, ne peut point, par une irrigation bien entendue, leur être profitable pour l'arrosage en transformant des champs peu productifs en prairies fertiles, enfin pour l'établissement d'un moulin ou de toute autre usine.

La présence de l'eau dans un terrain pentueux, dont le sol végétal a une faible épaisseur, est un principe fécondant qui lui manque ; on peut donc tirer parti d'une eau qui retomberait sans fruit dans le lit de la rivière ; mais il faut calculer le revenu présumé que pourra donner l'irrigation des champs susceptibles d'être arrosés, et souvent traiter d'avance, afin de baser ses dépenses d'après ses recettes.

CHAPITRE VII.

Des moyens de pêcher la Truite.

Pour la pêche de la Truite, on emploie à peu près les mêmes engins que pour la plupart des poissons d'eau douce.

On la prend dans les grandes rivières et dans les lacs avec la seine, le tramail, le trac, la brecanière, les nasses, la ligne à fond et la ligne flottante.

Dans les petites rivières et ruisseaux où l'on ne peut se servir de grands filets, celui que l'on nomme *quenouille*, qui se termine par une longue poche, et qui est armé de deux bras en bois pour le diriger, est le plus usuel. Avec ce filet, on entoure les pierres et les racines où la Truite se réfugie, et avec une perche, on bat en brèche ses retraites, d'où elle fuit dans le filet. La pêche à la main est aussi très-fructueuse ; il existe des pêcheurs fort habiles qui les prennent à la ligne avec des mouches artificielles qu'ils font sautiller à la surface de l'eau. La ligne à fond, amorcée au vif, c'est-à-dire avec un poisson vivant, fixé au bout de l'hameçon, dont la piqûre n'est point mortelle et lui laisse tous ses mouvements pour nager, est un piège des plus trompeurs pour la Truite, qui avale avec voracité le poisson et l'hameçon ; celui-ci s'implante dans les chairs et s'y enfonce d'autant plus avant, qu'elle fait plus d'efforts pour s'en débarrasser ; la pêche au flambeau, avec la fouine ou trident à fer de lance, est aussi des plus destructives.

Je ne parle point ici des empoisonnements par la chaux ni

des autres moyens du même genre employés pour la destruction du poisson. Le code des eaux et forêts les défend ainsi que plusieurs des moyens cités, tels que la pêche au trac, à la fouine, à la mouche artificielle, etc., etc., et il apporte de grandes modifications à l'usage des filets et à la dimension de leur mailles, afin que le poisson des premiers âges puisse s'échapper; mais la plupart de ces prescriptions ne sont point observées, et les espèces appelées à prendre un grand développement sont prises avant d'arriver à une croissance convenable; c'est ainsi que les eaux se dépeuplent chaque jour davantage.

Il défend aussi la pêche dans le moment du frai; mais c'est ordinairement pendant la nuit que les pêcheurs de profession et tous les maraudeurs emploient les engins défendus; d'une part, parce que les pêches de nuit sont plus fructueuses, et de l'autre pour échapper plus facilement à la surveillance des gardes et aux peines encourues pour les infractions aux ordonnances.

Il reste donc beaucoup à faire pour s'opposer aux rapines incessantes de tous genres qui sont exercées la nuit comme le jour, qui dévastent nos rivières, et que la surveillance des gardes-pêche est insuffisante à atteindre.

Il est à désirer qu'on soit impitoyable pour la confiscation et la destruction de tous les filets et engins prohibés, et pour l'application rigoureuse des peines imposées par la loi.

M. Montès n'emploie, pour la pêche de la Truite du lac de Saint-Front, que le tramail, avec la maille même plus large que celle de l'ordonnance; tous autres moyens sont délaissés par lui; il observe rigoureusement la loi pour la grosseur du poisson qui peut être pris, et si, par un cas fortuit, une Truite de faible dimension se trouve embarrassée dans ses filets, il la rejette à l'eau.

Il cesse la pêche pendant toute la durée du frai, et lorsque la ponte est terminée, il est forcément réduit à la cessation de cette industrie, en raison de l'épaisseur des glaces qui couvrent encore son lac jusqu'au milieu ou à la fin de mars.

Il désirerait trouver les moyens de recommencer la pêche avant la fonte complète de la glace ; je ne vois guère que la ligne à fond qui pourrait lui fournir quelques Truites, mais en petite quantité, par la difficulté de l'étendre sur un grand espace.

Pour la pose du tramail, il y aurait peut-être un moyen de le développer tant bien que mal sous la glace : ce serait de placer, avant la gelée, des cordes qui traverseraient les courbes les plus marquées des bords de ce lac, de les laisser au fond de l'eau jusqu'au moment où l'on veut recommencer à pêcher ; je n'ai pas besoin de dire ici que pour en assurer la durée on devra les goudronner. Les choses étant ainsi préparées d'avance, si l'on veut tenter de pêcher, on fait, vers l'une des extrémités de la corde, une large ouverture à la glace pour donner passage au tramail, qu'on attache à cette corde ; un aide, qui se trouve à l'autre extrémité, la tire graduellement au fur et à mesure que celui qui est chargé de dérouler le tramail le dirige dans l'ouverture faite à la glace, en ayant soin que les plombs du filet marchent dans le bas et les liéges dans le haut ; peut-être, en agissant ainsi, réussirait il à le faire développer dans toute sa largeur ; rien ensuite ne serait plus facile que de le retirer par la même ouverture qui a servi à le faire entrer ; c'est dans tous les cas un essai que M. Montès pourra tenter.

CHAPITRE VII.

De l'utilité de la pêche de la Truite, comme produit et comme élément de choix dans l'art culinaire.

Les produits du lac de Saint-Front ne sont point illusoires pour M. Montès, et comme fermier, si cette industrie était exercée sans bénéfice, elle serait bientôt abandonnée; il s'inquiéterait très-peu des moyens à employer pour en assurer l'empoissonnement annuel, et il ne mettrait pas tant de soins à rechercher tous ceux qui peuvent multiplier cette espèce.

Les produits de sa pêche décupleraient, que leur écoulement en serait assuré; d'une part, par le voisinage de la ville du Puy; de l'autre, les Truites pouvant arriver fraîches en une nuit par le chemin de fer, soit à Saint-Etienne, soit à Lyon, la consommation en serait énorme dans ces deux grandes villes, où elles auraient la préférence et où les bons morceaux sont recherchés.

Les deux variétés de Truites de Saint-Front sont également d'un goût exquis; elles peuvent rivaliser avec les petites Truites qu'on pêche près de Berne dans un petit ruisseau qui sort d'une caverne et qui passent pour les meilleures du monde.

Ces montagnardes de la Haute-Loire, à chair saumonée, ferme et savoureuse, laissent bien loin derrière elles les Truites renommées de l'Albarine, de la rivière d'Ain, de la Loire et des lacs de la Suisse; si elles perdent de leur valeur au moment du frai et aux époques qui en sont trop rapprochées, où leur chair devient plus molle et perd de sa saveur, elles acquièrent une grande supériorité à partir du mois d'avril jusqu'à la fin de septembre.

Ces deux variétés, qui étaient inconnues pour nous avant la construction du chemin de fer de Saint-Etienne, conserveront la juste renommée qu'elles méritent, et quel que soit l'accroissement de leur produit, elles seront toujours recherchées; déjà d'illustres restaurateurs de Paris, qui sont à l'affût de tout ce qui est désiré par les palais appréciateurs, en ont reçu de Lyon toutes courbouillonnées, et il est à redouter qu'elles prennentp trop souvent la route de la capitale dans la saison froide.

La Truite, en général, est d'une grande ressource pour la cuisine la plus simple comme pour la plus délicate.

Dans les montagnes les plus désertes, les plus éloignées des approvisionnements des villes, les ruisseaux à eau vive qui prennent leur source vers le sommet des monts les plus élevés en fournissent d'excellentes qui, accommodées de la manière la plus simple, plaisent aux gastronomes les mieux exercés.

Si dans les petites rivières elles n'atteignent pas une taille colossale comme dans les grands fleuves et les lacs de la Suisse, et si dans les festins elles ne sont point appelées à figurer comme plat d'apparat, elles n'en sont pas moins, comme goût, d'une valeur très-supérieure aux grands exemplaires de la même espèce. La Truite, pêchée dans les petits cours d'eau des montagnes, est celle qui mérite les hommages des gourmets.

C'est une grande erreur de croire que les Truites qui font une grande consommation d'écrevisses pour leur nourriture deviennent saumonées; que leur chair, par ce régime, se colore et acquiert une saveur des plus agréables. En opposition à cette opinion très-répandue, nous affirmons que dans le lac de Saint-Front, dans la Gagne, le Lignon et d'autres petites rivières, les écrevisses manquent, et que les Truites n'en sont pas moins saumonées ; nous pouvons donc avancer qu'elles doivent cette qualité plutôt à la nature de l'eau qu'aux aliments dont elles se nourrissent.

Notre savant collègue à l'Académie, M. Fournet, si positif dans ses appréciations, a eu l'occasion de nous parler de la Truite dans un travail qu'il poursuit sur la température des eaux de source ; il nous a cité plusieurs cours d'eau que la Truite habite, où elle remonte même dans de sombres cavernes souterraines ; les écrevisses y sont absentes, et néanmoins leur chair est saumonée. Nous pourrions conclure de ces observations, qu'en général la chair de ce poisson ne prend cette couleur que dans les eaux à basse température, qu'elle y devient plus ferme, et que le genre de nourriture a beaucoup moins d'influence qu'on ne le pense sur ses qualités.

Pour un maître d'hôtel, un cuisinier de bonne maison, dans une grande ville comme Lyon, où les Truites des grands lacs et d'une foule de rivières abondent sur les marchés, le choix qu'il doit en faire n'est point indifférent ; il ne doit pas s'en rapporter aux récits pompeux et trompeurs des marchands sur leur origine ; il existe, pour reconnaître les Truites de bonne qualité, des signes caractéristiques plus certains que l'apologie qu'en font les vendeurs, qui ajoutent leurs mensonges à ceux de qui ils les ont achetées. Il faut qu'il se méfie des Truites à fond blanchâtre, de celles dont les couleurs nuancées sont pâles ; mais les Truites à taille courte, dont la tête et le haut du corps ont des couleurs foncées ; celles dont les taches sont très-rapprochées, qui, noires ou purpurines, ont un éclat plus vif et plus foncé, doivent être préférées ; il faut aussi

apprécier celles dont le dos est d'un azur sombre et dont le
ventre et la queue sont d'un jaune doré. On doit encore
s'éclairer par le toucher; ainsi, il faut toujours donner la
préférence à celles dont la chair résiste à la pression, offre
une légère élasticité, et mépriser celles dont les chairs sont
flasques, qui conservent facilement l'impression des doigts
et qui, sans ressort, reviennent peu sur elles-mêmes.

Trop souvent, quand on est à la recherche d'une Truite,
on prise la grosseur, et l'on s'inquiète trop peu des caractères qui sont le type principal de la bonne qualité et des
variétés d'élite; le prix est aussi une des causes militantes;
l'accommodage et les sauces diverses viennent masquer l'in-
fériorité du choix aux convives appelés au banquet où elles
doivent figurer, et ce sont toujours les vrais connaisseurs
qui se trouvent déçus dans leurs espérances.

La Truite, néanmoins, supporte avec honneur toutes les
inventions de l'accommodage et tous les caprices des cuisi-
niers: ainsi, elle est bonne frite au beurre ou à l'huile;
l'addition du jus de citron n'y gâte rien; on la mange en
papillote, cuite sous la cendre, sur le gril, et même lardée à
la broche, au courbouillon, en murette, en matelotte, à la
genèvoise, à la Chambord, à la Saint-Florentin, à la hus-
sarde, à la génoise, aux anchois, à la normande, à la triste
et unique sauce anglaise (eau et farine), au noble et succulent
coulis d'écrevisse, en filets sautés, farcie, même en pâté; depuis peu on a inventé la Truite au coulis de homard, qui mérite-
rait un brevet d'invention de la part des appréciateurs. Je ne
fais ici que citer les apprêts les plus connus. On voit par
là que ce poisson présente un aliment qui se prête à de nombreuses métamorphoses, et que, par ces variantes, il pourrait rivaliser avec les costumes du carnaval.

Pour conserver la Truite, la transporter au loin, on la

sale comme le hareng, on la prépare aussi comme le thon
mariné; c'est une nécessité commerciale, mais sous le
rapport de l'art, c'est un crime de lèse-cuisine.

M. Montès, par le débit de ses Truites si parfaites, a peu
à s'inquiéter des nombreux partis que la cuisine peut en
tirer; pour lui, le point essentiel est d'en faire produire à
son lac et à ses ruisseaux voisins la plus grande quantité
possible.

Il désirerait aussi savoir quelles sont les autres espèces
de poissons qui pourraient prospérer dans son lac sans
nuire à la Truite, qui en sera toujours le revenu principal.

J'ai dit plus haut qu'il y avait jeté quelques carpes, mais
qu'elles avaient disparu; sans doute parce que la nature de
l'eau ne pouvait leur convenir; mais la tanche y vit très-bien
et y est d'une excellente qualité; elle pourrait y prendre de
grandes proportions et devenir, par sa taille, un poisson
de luxe. J'ai vu des exemplaires de cette espèce arriver
au poids de 6 kilos dans un étang de montagne qui était
resté dix-huit ans sans être pêché.

Nous ne mettons point en cause le brochet qui, arrivé à
une certaine taille, ferait justice des plus grosses Truites et
dépeuplerait son lac.

Relativement à l'anguille, on ne la trouve jamais chargée
d'œufs ou de laite arrivés au terme de maturité qui permet-
trait d'employer le procédé de MM. Rémy et Gébin; car
d'après les opinions émises à cet égard, la plupart des naturalistes pensent que ce poisson, au moment du frai, descend
dans la mer et va frayer dans ses profondeurs, et que,
chaque année, de petites anguilles affluent à l'embouchure des
fleuves et les remontent en s'engageant dans leurs affluents.
Les pêcheurs ont donné le nom de *montée* à cette migration,

de l'eau salée dans l'eau douce, de ces myriades de petits
anguillons qui arrivent à époques fixes.

Quoi qu'il en soit de cette question, qui mérite une étude
plus spéciale, elle ne s'oppose point à ce que l'on puisse
recueillir facilement les anguilles dans ce jeune âge pour
en repeupler nos rivières et nos lacs en les y transportant;
l'anguille, plus que tout autre poisson, est d'une nature
très-vivace et d'un transport des plus faciles. Notre aimable
et érudit collègue, M. Hénon, dans une séance de l'Académie, nous a appris qu'on les transportait des marais de la
Camargue à Vaucluse dans des herbes humides, en manière
de ballots de marchandise; qu'elles y arrivaient très-bien
portantes, et que la plupart des anguilles si renommées de
cette belle fontaine n'en étaient point originaires; on peut donc
en expédier au loin des convois sans craindre pour leur vie.
Si donc M. Montès y voit un avantage pour en peupler son
lac, il peut facilement en faire une commande. Pour preuve
de leur nature vivace, les habitants de Saint-Pétesbourg,
qui aiment assez à en avoir sur leurs tables, n'en trouvant
pas dans la Newa et ses affluents, les font venir de Lubeck;
ils les reçoivent dans des blocs de glace, où elles ont été
enfermées en faisant geler l'eau du baquet sans lequel on
les avait déposées à cet effet. Lorsque, à leur débarqué, on
brise la glace pour les en retirer, elles sortent très-gaillar-
des de leur froide prison.

Sans nuire à la Truite, l'anguille et la lotte pourraient
arriver à de grandes proportions dans le lac de Saint-Front.
Ce dernier poisson prend avec l'âge des dimensions que peu
de personnes connaissent : j'ai vu à Strasbourg, dans les
bachots à poisson de M. Litz, restaurateur distingué et
fermier de la pêche du Rhin, des lottes de 15 à 20 kilos,
longues de plus de 1 mètre, et nourries par ces fermiers

4.

de père en fils ; il les conserve avec d'énormes carpes et carpeaux comme une enseigne de cette vieille
maison de commerce. En 1829, il en céda une au prix de
600 francs et par obligeance, à la ville de Strasbourg pour
un déjeûner offert à Charles X; elle pesait 21 kilos.

Les filets étant impropres à la pêche des anguilles,
M. Montès les prendrait dans des nasses ou avec des lignes
à fond.

Il nous reste à parler de la perche, qui est un de nos
meilleurs poissons d'eau douce et qui vit dans celles qui
sont à basse température ; lorsqu'elle aurait atteint un certain
poids, elle serait sans doute d'un produit avantageux et très-
recherchée.

Il y a quelques années que j'en reçus une venant du lac
de Silau (Ain) qui pesait 3 kilos et demi. J'ignore comment
cette espèce se comporterait avec les Truites ; elle multi-
plie énormément et fournirait beaucoup de frétin ; mais
je ne sais si la nageoire dorsale, qui est armée de pointes
aiguës pour sa défense contre les gloutons de tous les
genres, ne serait pas un danger pour la Truite. M. Montès
pourra faire à cet égard un essai dans un réservoir particulier avant d'en mettre dans son lac, où il lui deviendrait
de toute impossibilité d'anéantir cette espèce à raison de
ses facultés productrices, si elle était dangereuse pour la
Truite.

Quant au goujon, au vairon, à la dormille, dont la
multiplication paraît d'abord d'un bien faible avantage,
ils pourraient peut-être devenir très-utiles comme aliment
pour la Truite, en repeuplant tous les cours d'eau où ils
peuvent vivre.

Je ne sais si des essais de pisciculture d'après les procédés
de MM. Rémy et Géhin ont été faits pour ces petites espèces,

au moment de frayer, elles contiennent un grand nombre d'œufs qui, fécondés, pourraient être soumis à l'éclosion dans de petits réservoirs ou goujonnières à eau vive ; là ils seraient élevés, et arrivés à une certaine grosseur, on les transporterait dans les eaux où ils manquent ; du reste, comme mets, le goujon et la dormille sont d'excellents poissons dont on pourrait tirer un bon parti isolément.

Ces quelques idées sur la pisciculture de la Truite, que j'ai appliquées d'une manière toute spéciale à un point de la Haute-Loire, peuvent être généralisées et mises en pratique dans le département du Rhône, si intéressé à profiter de ce nouveau genre d'industrie; une foule de sources, de petits ruisseaux qui l'arrosent peuvent être utilisés, pour y élever la Truite et d'autres espèces, surtout à une époque peut-être voisine de celle où seront en partie desséchés les étangs de la Bresse, qui alimentent en grande partie la pêcherie d'une ville de 300,000 âmes, d'une ville très-orthodoxe, qui observe les jours de maigre. Sans doute, les gourmets ne verseront pas des larmes pour la disparition de ce poisson à fumet bourbeux; mais il n'en est pas moins un aliment utile, et nous devons chercher à le remplacer par d'autres, d'une qualité bien supérieure ; ensuite, c'est un emprunt onéreux, que nous faisons à nos voisins et que nous pouvons alléger. Si les Vosges, le Doubs, le Jura, l'Isère, la Haute-Loire et plusieurs départements se livrent à ces études avec fruit, pourquoi resterions-nous en arrière d'eux, non pour cesser d'être complètement leurs tributaires, mais pour ajouter ce nouveau produit à toutes nos industries? Je connais une foule de lieux qui présentent toutes les conditions pour arriver à d'heureux résultats : ainsi, dans les bassins de la Coise, de l'Azergue, de la Brevenne et dans d'autres petites vallées qui sillonnent le département du Rhône, il existe des ruisseaux, de nombreuses sources qui sont intarissables dans les plus grandes sécheresses, qui peuvent facilement alimenter des réservoirs dont les constructions seraient peu coûteuses; on les entourerait d'arbres tels que le verne, le saule, le peuplier ou le frêne qui, par leur ombrage, s'opposeraient à l'évaporation et maintiendraient la fraîcheur de l'eau; on aurait en même temps le soin, si les parois étaient en pierre, de laisser quelques cavités où la Truite aime à faire sa demeure et à se réfugier pour se mettre à l'abri de ses ennemis, tels que la loutre; dans le fond, on devra aussi faire des enrochements où elle trouvera de petites retraites.

Autrefois, la Coise, si poissonneuse, est aujourd'hui entièrement dépeuplée; chaque année, les Truites et les autres espèces qui remontent de la Loire pendant ses crues d'hiver et du printemps, sont détruites en coupe réglée dans la saison d'été, par la coque, la chaux et toutes sortes d'engins; je ne doute pas que si l'autorité oppose aux maraudeurs les rigueurs de la loi, cette rivière étant de nouveau empoissonnée par la Loire et par les procédés que nous indiquons, les propriétaires riverains, qui y trouveront un nouveau produit, n'exercent une surveillance qui rendra à cette rivière son ancienne richesse.

Au bas des grands versants de nos montagnes, il existe des sources qu'on peut utiliser; il en est de même de certains ruisseaux qui coulent dans le fond de nos petites vallées et qui ne tarissent jamais. Il s'agit d'abord de commencer, et si, comme je n'en doute point, les tentatives sont couronnées de succès, que les travaux entrepris assurent un revenu, on restera bientôt convaincu, et la pisciculture aura le sort de toutes les innovations utiles. Nous avons vu la pomme de terre, le trèfle, la luzerne et beaucoup d'autres cultures, trouver bien des répugnances, et leur triomphe n'est arrivé que lorsque le numéraire a paru dans la caisse.

Si nous sommes moins favorisé que beaucoup de départements sous le rapport des lieux propices, utilisons, du moins, ceux que nous avons.

Je ne doute point qu'en raison des essais fructueux qui sont tentés de toutes parts, l'administrateur habile qui est à la tête de notre département, ne s'occupe de protéger ce nouveau genre d'industrie, et qu'il ne la favorise, en donnant toutes les instructions et les moyens nécessaires pour lui faire prendre l'essor qu'elle mérite.

On me reprochera avec raison de ne point m'être inspiré des ouvrages qui ont été publiés sur la pisciculture, tels que ceux de M. de Quatrefage, des travaux importants dirigés par M. Berthot, ingénieur en chef, pour l'empoissonnement du canal du Rhône au Rhin. Mais, d'une part, je ne les avais point à ma disposition, et de l'autre, limitant ce travail à la reproduction de la Truite, j'ai dû me borner à émettre les idées qui m'ont été suggérées d'après la courte conversation que j'ai eue avec M. Montès. J'ai dû céder à sa demande, et je serais très-heureux si, dans ces notes, il s'en trouvait qui pussent éclairer et fussent capables de faire prospérer cette industrie abandonnée dans notre département, où elle est encore à l'état de mythe.

FIN.

NOTA.

J'ai donné dans cette notice les principales explications pour la pisciculture de la Truite. Tous les propriétaires ou fermiers qui voudraient utiliser des petits cours d'eau, des sources, des étangs et des réservoirs pour les empoissonner et y élever la Truite, trouveront dans cette notice les documents nécessaires pour y parvenir.

S'ils ne veulent point faire eux-mêmes l'opération de la fécondation des œufs, ils devront s'adresser aux pisciculteurs qui opèrent en grand, tels que MM. Rémy et Géhin, Rafin et Janot, et à M. Montès. Je ne doute point non plus que le gouvernement et l'administrateur en chef de notre département ne favorisent une production aussi utile, en donnant aux nouveaux pisciculteurs les moyens de se procurer des œufs fécondés, peut-être même en les fournissant à ceux qui présenteraient des garanties voulues, pour donner de l'essor à cette nouvelle industrie.

Lyon.—Imp. deF. Dumoulin, rne Ceutrale, 20.